大自然的珍贵礼物

我的自然笔记
森林里的十二个月

[奥地利]苏珊娜·莉娅 著

索玲玲 译

河北出版传媒集团

河北少年儿童出版社

·石家庄·

图书在版编目 (CIP) 数据

我的自然笔记 ： 森林里的十二个月 /（奥）苏珊娜·莉娅著 ； 索玲玲译 . — 石家庄 ： 河北少年儿童出版社， 2024.7
（大自然的珍贵礼物）
ISBN 978-7-5595-6608-9

Ⅰ . ①我… Ⅱ . ①苏… ②索… Ⅲ . ①自然科学一儿童读物 Ⅳ . ① N49

中国国家版本馆 CIP 数据核字（2024）第 095760 号

Author/Illustrator: Susanne Riha
Title: Mein erstes Buch vom ganzen Jahr
Copyright © Annette Betz in der Ueberreuter Verlag GmbH, Berlin 2021
All rights reserved.
Chinese language edition arranged through HERCULES Business & Culture GmbH, Germany

著作权合同登记号　冀图登字：03-2022-141

大自然的珍贵礼物
我的自然笔记　森林里的十二个月
WODE ZIRAN BIJI SENLIN LI DE SHI'ER GE YUE
[奥地利] 苏珊娜·莉娅 **著**　　索玲玲　**译**

出 版 人	段建军	版权引进	梁　容
策　划	李　爽　赵玲玲	特约编辑	王瑞芳
责任编辑	尹　卉　杨　婧	装帧设计	杨　元

出版发行	河北少年儿童出版社
地　址	石家庄市桥西区普惠路 6 号　邮政编码 050020
经　销	新华书店
印　刷	鸿博睿特（天津）印刷科技有限公司
开　本	889 mm×1 194 mm　1/8
印　张	4
版　次	2024 年 7 月第 1 版
印　次	2024 年 7 月第 1 次印刷
书　号	ISBN 978-7-5595-6608-9
定　价	39.80 元

版权所有　侵权必究

若发现缺页、错页、倒装等印刷质量问题，可直接向本社调换。
电话（传真）：010-87653015

目 录

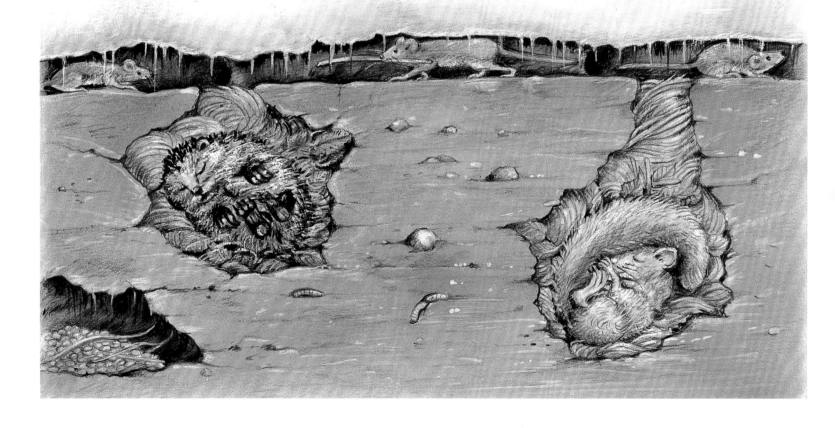

一月

一月，奥地利一年中最寒冷的月份。山谷里天寒地冻、冰雪难消。凛冽的西北风肆虐着，灰云低垂、大雪纷飞、积雪深厚，池塘盖上了厚厚的冰雪被。

山中更是寒冷刺骨，溪流瀑布结冰，草丛和灌木丛戴上了雪帽，昆虫和蜘蛛在中空的植物茎秆中越冬。

落叶树光秃秃地伫立着，只有松鼠巢和三两个废弃的鸟窝孤零零地悬挂在枝间。树木几乎停止生长，进入休眠期，而夏天生发的细小新芽，等待着来年春日和煦的阳光。云杉和冷杉因针状叶的表面有蜡质层，冬天依然是绿色的。

许多动物进入冬眠。刺猬和睡鼠在秋天贴了秋膘，增重将近一倍。此时，它们正蜷缩在地穴中沉睡，体温极低，直至春天来临。

一月会有什么发现？

夜晚，许多动物来到饲料槽寻找食物，在这里，它们可以找到干草、栗子、橡子和其他坚果。厚厚的积雪上留下了动物们形状各异的脚印。

欧洲仓鼠的地穴里谷粒满仓，它在整个冬天会醒来数次，享用这些贮藏的食物。

在地面和积雪之间，田鼠为自己挖好了四通八达的地洞，饥饿的它们在这里寻找植物的残枝败叶充饥。白鼬为了适应环境，已经换上了白色的冬毛，只有尾尖是黑色的。夏天，它的毛是红棕色的。

白鼬跳着走路，两只后爪和两只前爪总是并排落地，留下两排整齐的、小洞状的脚印。田鼠要特别小心白鼬，因为白鼬是熟练的猎手，会在雪地上专注地寻找、竖起耳朵听，翘起鼻子敏锐地追寻猎物的气息。

编者注：奥地利是一个欧洲国家，与中国一样位于地球的北半球，一年有四季。本书中的季节、动物、植物等分类、特征均具有当地特色。

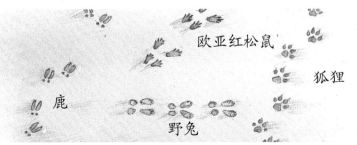

欧亚红松鼠

狐狸

鹿

野兔

冬

二月

二月，冬三月中阳光最好的月份。漫天飞雪仍会铺天盖地，但白昼渐长，至月末时，冰雪渐渐消融，厚厚的积雪变得松软。

空气湿润时，树枝和草茎上会挂上细小的水珠，小水珠凝结成霜，此时大地宛如披上了一层糖霜。

二月的森林里，处处冰雪消融，雪花莲、雏菊和雪片莲开始绽放。

前一年的夏天，榛树枝上的雄花就已开始萌发，长出细小的穗状花序，到了二月末，这些雄花已长成长穗，产生花粉，准备利用风媒传粉了。榛树先开花后长叶，直到八月，榛子果实才成熟，结出坚果。

冬天，动物们很少活动，因为活动会消耗能量。獾在洞穴里冬眠，而躲在浅坑里的野兔，喜欢给自己身上盖上一层落雪，既御寒又起到隐蔽作用。

只有饲鸟槽周围依然充满生机、热闹非凡。饲鸟槽里铺满了浆果干、葡萄干、燕麦片和麦粒。

麻雀扑向燕麦片，金翅雀啄出蔷薇果的果核，知更鸟享用着葡萄干，啄木鸟和煤山雀也从森林里飞来觅食。

饲鸟槽的屋顶下挂着一块环形的"油脂蛋糕"，这是为欧亚鸸（shī）和蓝山雀准备的食物。

大山雀不断地飞到树枝上，用双爪紧紧抓住葵花子，试图将其撬开。

饲鸟槽下面的雪地上，一只画眉鸟找到了一块苹果，它叼着这块苹果飞走了。

松鸦在雪地上蹦蹦跳跳，寻找它去年秋天埋在土里的橡子和山毛榉果实。

二月会有什么发现？

蜘蛛网披着一层白霜，变得清晰可见。为了抵御严寒，蜘蛛躲进了树缝或卷曲的树叶里。

冬

三月

三月初，山谷里的冰雪逐渐消融。夜晚寒冷依旧，清晨浓雾缭绕，大量水汽飘浮在空气中，阻挡了视线。随着每天的日出时间都比前一天提早4分钟，雾气也一日比一日更快地消散。

终于，山里也日渐温暖。冰雪完全融化，山涧湍流倾泻而下，进入山谷。

此时，寒冷虽未退去，但枝头已开始抽出新叶新芽。转瞬间，草地铺上了绿茵茵的地毯，森林里处处散发着熊葱的气味。森林里春花盛开，獐耳细辛、银莲花和报春花开始绽放，花期直至森林盖上茂密的树叶屋顶。

路边的款冬花盛开，柳树的黄色花序四周蜜蜂萦绕，犬蔷薇长出了新芽。

三月，雄鸟们"花样"百出，忙于求偶：在阔叶林中，雄啄木鸟敲打树木，发出类似敲鼓的声音吸引异性；在蓝山雀窝里，雄鸟投喂雌鸟，以此博得好感；在池塘里，公鸭和母鸭形影不离，成双成对。

刺猬从冬眠中苏醒，龙纹蝰蛇在三月的暖阳下沐浴阳光。在隐蔽的矮灌木丛中，小野猪出生了。野猪妈妈会哺乳三个月，此时的小野猪已经可以陪妈妈一起出去觅食了。野猪从土里挖虫子和植物的根来吃。随着小野猪逐渐长大，到了秋天，幼崽标志性的背部条纹就会消失。

野兔妈妈也生了兔宝宝，小野兔刚出生时，皮毛就已长全，眼睛也能睁开。野兔窝建在隐蔽的地面凹处，当野兔妈妈离开时，三只小野兔蜷缩在一起，一动不动。它们的皮毛颜色是和周围的土地一样的棕褐色，此外，它们还没有体味，因此可以很好地隐藏起来，不易被觅食的狐狸和猛禽发现。

三月会有什么发现?

云雀从南方飞回来了，它是最早飞回的候鸟之一。此时，雌鸟正在地面上忙碌筑巢，而雄鸟在不知疲倦地进行"飞行表演"，并整日唱歌，雄性云雀可垂直冲到100米的天空中，边飞边鸣唱。雄鸟的飞行与鸣唱是为了宣告领地，吸引异性。

春

四月

四月，天气变化无常，时而阴雨，时而晴朗，时而飘雪，时而乌云滚滚、冰雹突降、狂风大作。到了四月末，春雨连绵，但气温明显上升，天气渐暖。当一边阳光一边雨时，充满水汽的天边就会挂起一弯彩虹。

期盼已久的春天终于来了。花园里，樱桃树、黑刺李和醋栗花枝绽放；花圃里，郁金香花开满园。

草地上，铺满了黄色的蒲公英；河岸边，蜂斗菜的花盛开，几周后，它的心形叶子会长到接近一米高；森林里，疆南星正值花期，它的气味会招来苍蝇和甲虫。

此时，鸟儿们大多已经开始孵蛋，乌鸫（dōng）甚至已经孵出了雏鸟。四月中旬，燕子和布谷鸟先后从南方飞回来了，接下来的很长一段时间，布谷鸟的歌声都将不绝于耳。

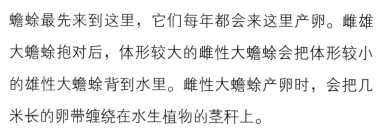

森林边的小水塘里到处都是青蛙和蟾蜍，叫声连成一片。大蟾蜍最先来到这里，它们每年都会来这里产卵。雌雄大蟾蜍抱对后，体形较大的雌性大蟾蜍会把体形较小的雄性大蟾蜍背到水里。雌性大蟾蜍产卵时，会把几米长的卵带缠绕在水生植物的茎秆上。

每年此时，欧洲林蛙也会来水塘产卵，而其他时间，它都生活在远离水塘的陆地上。欧洲林蛙的卵结成卵块，漂浮在水面上。

雄性池蛙的叫声最是高亢响亮，因为它的咽喉部有一个外声囊。鸣叫时，外声囊可以鼓成和身体差不多一样大的泡泡。

池蛙产卵较晚，当池蛙将卵产在水草上时，大蟾蜍的卵已经孵出小蝌蚪来了。成千上万只小蝌蚪开始在池塘里游动觅食。

四月会有什么发现？

树枝上，一只瓢虫正在寻找猎物。冬天，它和许多瓢虫一起挤在树缝里冬眠。四月，雌瓢虫开始产卵。一只瓢虫每天可以吃掉的蚜虫多达 50 只。

春

7

五月

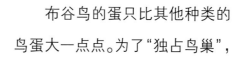

五月，天朗气清，惠风和畅，举目远眺，视野开阔。五月中旬，山里仍有可能出现降温天气。山上雨水充盈，是山谷里的两倍。

五月的日照时间平均每天可达7小时，白天的气温越来越高，而夜里也明显暖和起来了。

五月，正是一年里百花齐放的时候。苹果树、梨树、丁香和山楂树次第花开；欧洲七叶树上长满了白色或粉色的花；红色的蝇子草、黄色的毛茛和蓝色的鼠尾草在草地上争奇斗艳。熊蜂在红三叶草间飞来飞去。熊蜂可以将它长长的口器伸入窄窄的三叶草花朵中吸食花蜜。熊蜂身上长满绒毛，可以黏附并传播花粉。许多花朵通过熊蜂授粉后，才可以发育成熟并结果。

不筑巢的布谷鸟开始"借巢生蛋"，趁知更鸟、鹪（jiāo）鹩（liáo）或芦苇莺不备之时，布谷鸟雌鸟会将蛋产在它们的窝里。

布谷鸟的蛋只比其他种类的鸟蛋大一点点。为了"独占鸟巢"，"霸占"养父母喂养的所有食物，刚孵出的布谷鸟会把其他鸟蛋推出鸟窝。

狐狸穴外，两只小狐狸正扭打在一起，此时，另一只小狐狸发现了一只死老鼠（猎物），只见它蜷缩着身体，匍匐潜行，不动声色地慢慢靠近猎物，忽地一下就跳到猎物身上。

小狐狸已经三个月大了，但它们只能在狐狸穴外玩很短的时间。初生的狐狸幼崽看不见东西，一身浓密的黑灰色皮毛，看起来毛茸茸的。不久之后，它们的眼睛会变成深蓝色。直到五周之后，它们的眼睛才会变成琥珀色，皮毛变成红褐色。

狐狸妈妈终于捕食归来。为了不让小狐狸引起天敌的注意，它走着弯弯曲曲的"之"字形路线，慢慢靠近狐狸穴。

五月会有什么发现？

森林里，铃兰花次第开放，每一根花茎上都有若干朵小铃铛状的花。铃兰属于自然保护植物并且有毒，不能随意采摘。

春

六月

六月，天气晴朗，阳光明媚。初夏的夜晚，暖风习习。6月21日或22日（夏至日）是北回归线及其以北地区一年中正午的太阳高度最高的一天，是一年中白昼最长的一天。

夜晚，蜘蛛利用蛛网捕捉昆虫。很多植物如野豌豆和犬蔷薇都在清晨开花。

不久之后，在灌木丛和树冠里，蜜蜂嗡嗡飞舞，忙个不停。此时，椴树和相思树已花开满树，野草和谷物也开花了，它们微小的花粉在空气中飘荡，许多人又要遭受过敏性鼻炎之苦。

六月会有什么发现?

在六月温暖的夜晚，长长的叶子上忽闪忽闪地发着微光，原来是一只萤火虫！萤火虫其实是一种甲虫，它的腹部末端有发光器，可以发光。萤火虫通过"闪光信号"联络异性，寻找伴侣。

阳光下，湖面波光粼粼。巨伟蜓像一架微型直升机一样，在空中急速飞行。水黾（mǐn）在水面上倏忽闪过。水鼩（qú）鼱（jīng）为了呼吸空气，露出了水面。绿头鸭带着小鸭子们向食物丰富的浮萍区游去。

六月初，疣（yóu）鼻天鹅雏鸟孵出。天鹅宝宝孵出后的第二天就能跟妈妈一起下水游泳了。为了吃到喜欢的水底水草，前一年出生的小天鹅会学着亲鸟的样子，倒立着，把头探入水下。

刚孵出来的疣鼻天鹅雏鸟是灰色的，毛茸茸的，小嘴（喙）是黑色的。半年之后，它们长成亚成体的幼鸟，身上的羽毛呈灰白色。四年之后，天鹅幼鸟终于成年，蜕变成美丽的白天鹅。成年的疣鼻天鹅的喙是橘黄色的，前额上有一块黑色的瘤疣突起。成年的雄天鹅重约10千克，两翼张开翼展可达2.4米。

此刻，觅食完的天鹅雏鸟们筋疲力尽地趴在妈妈的背上，天鹅妈妈驮着它们向前游去。

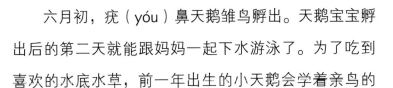

夏

七月

七月，盛夏炎炎，一年中阳光最盛的月份。七月，也是雷暴天气频发的时节。天空中会形成积雨云，云中的冰晶和水滴因为空气膨胀而不断上升，当上升到一定高度，遇冷则形成大水滴落下。同时，冰晶和水滴相互碰撞，形成电荷，正负电荷分别在云的不同部位积聚，形成上下分层的现象，当电荷积聚到一定程度，就会在云与云或云与地之间发生放电，也就是闪电。当云层下部的负电荷与地面的正电荷相互吸引时，巨大的闪电会直劈地面，闪电的瞬时极热高温使周围的空气剧烈膨胀，形成一波波的声浪，也就是我们听到的雷声。

七月，醋栗和樱桃成熟了。草地上，风铃草、法兰西菊、老鹳草、茴芹、地榆等争相盛开，一片姹紫嫣红的景象。

到处都是蟋蟀的鸣叫声，为了吸引异性，雄蟋蟀会用翅膀摩擦发声。雄蟋蟀的前翅上，一边长着锉刀状的短刺，另一边长有像刀一样的硬棘，左右两翅一张一合，相互摩擦，就能发出响亮的声音。地面上稍有异动，蟋蟀便会立刻钻回地洞里。

七月，幼鹳已羽翼丰满，可以和父母一起远游了。红隼（sǔn）在草地上方的空中不停盘旋，寻找猎物，它现在每天要捕捉多达

30 只老鼠，因为幼鸟正在巢中嗷嗷待哺。蝴蝶也在草地的花丛间寻找食物：孔雀蛱蝶、荨麻蛱蝶、大菜粉蝶、钩粉蝶和蜘蛱蝶在花蕊中吸食花蜜。

螽（zhōng）斯幼虫还不会飞，但是已经能够很好地跳跃了。突然间，螽斯幼虫一跃而起，原来是地面突然隆起，鼹鼠开始活动了！

鼹鼠有一对宽大、外翻的前足，善于掘土、推土，可将泥土推到地面上。鼹鼠虽然视力很差，几乎看不见东西，但听觉、嗅觉灵敏，能敏锐捕捉到周围猎物的信息并立刻铲出道路，冲向泥土中的蛴（qí）螬（cáo）和蚯蚓等。

鼹鼠既能向前爬，也能倒退着往后爬。鼹鼠可以在短时间内挖出 20 米长的地道。鼹鼠很少到地面上活动。

七月会有什么发现？

在森林边的一片向阳处，野草莓成熟了。野草莓的花和人工栽种草莓的花一样，是白色的。但野草莓果实要比栽种草莓小得多。

夏

八月

八月，晴空万里，骄阳似火，连续多日无风无雨，是一年中最明媚灿烂的月份。农民可以去田里收割庄稼了。山中气候温和，夕阳西下，天空洁净明朗，火红的晚霞挂在天边，像一幅绚烂的油画。随着八月逝去，盛夏将尽，月末时，夜晚已是凉意阵阵。

黑麦 大麦 燕麦 小麦

黑麦和大麦丰收之后，农民又开始收割燕麦和小麦了。此时，农民还会割草，为奶牛准备过冬的草料。

在田地的边缘，农民留出了一道分界线，这里野草丛生，在野草中，飞燕草、蓟（jì）、甘菊和虞美人争奇斗艳。

八月末，潮湿的草地上秋水仙静静地绽放。

天气炎热，动物们更喜欢到水里洗澡。鸟儿们喜欢在小水洼里沐浴，野猪和欧洲马鹿喜欢躺在淤泥多的水里，当黏在皮毛上的淤泥晒干之后，可以形成厚厚的保护层，防止烦人的蚊子叮咬。

日暮时分，巢鼠悄悄地从它球形的巢里探出头来张望。早在六月初，巢鼠就在谷物的茎秆上把许多草茎架在一起，用植物叶子精心编织了一个球形巢。现在，又一窝幼鼠出生了，这是巢鼠妈妈今年夏天生的第三窝幼崽。

巢鼠是体形最小的老鼠，它能迅速敏捷地在草茎间攀爬、跳跃，喜食谷物，也吃昆虫、浆果等。

晚上，仓鼠爬出它位于地下洞穴里的家，它先是竖着耳朵静静地听，勘察周围的情况，然后才行动。鹧鸪也在寻找谷粒。

仓鼠飞快地把颊囊里塞满谷粒，并带回地下洞穴。在洞穴的储藏室里，仓鼠用前爪把谷粒从颊囊里挤压出来。至晚秋时，仓鼠能收集约 15 千克的食物，为漫长的冬天做好储备。

八月会有什么发现？

八月，向日葵迎着太阳盛开。它的花盘会根据太阳的位置变换方向，清晨朝向东方，然后跟随太阳的移动，不断向西转动。

夏

九月

九月，秋高气爽，清风徐来，舒适宜人。此时，田野和草地里已经安静下来。夜晚愈加湿冷，昆虫等钻进了树缝、地下或叶片下。燕子成群结队地聚集在电线上，像其他候鸟一样，它们准备出发，飞去温暖的南方过冬。

九月，梨、李子、欧榛和欧洲七叶树的果实慢慢成熟了。鸟儿们抓住一年中最后的机会，饱餐一顿。缀满枝头的蔷薇果、接骨木果、黑莓、花楸果等香甜诱人，正在向它们招手。鸟儿们会把消化不了的浆果种子通过粪便排出，它们以这种方式"播种"了许多乔木和灌木的种子。

铁线莲和蒲公英的种子通过风来传播。它们的种子会被风吹到适宜的地方，等待来年春天生根发芽。

九月会有什么发现？

一场倾盆大雨过后，蘑菇如雨后春笋般在森林大地上冒出头来。采摘蘑菇要十分小心，因为有些蘑菇是有毒的，比如鲜红色的毒蝇伞。

牛肝菌　　毒蝇伞　　鸡油菌

此时，山里虽不寒冷，但是岩羚羊和野山羊已经开始下山了。它们灵活自如地在悬崖峭壁上攀爬，敏捷地在深谷裂缝间跳跃，它们要迁移到山下的森林里去。对岩羚羊和野山羊来说，整个冬天待在森林里会更安全，食物也更充足。

九月，旱獭（俗称土拨鼠）也要迁居了。整个夏天，它们都在大吃大喝给身体储存能量，各个圆滚滚的。现在，旱獭离开高山草甸上的家，向山谷方向迁移。它们在山谷的山坡上和家人一起挖深深的洞穴，建造新家。很快，它们就挖好了很多条狭长的通道，直通"卧室"。为了舒适，旱獭还会用干草茎铺垫"卧室"。

有一只旱獭一次又一次地站起来，侦察周围，负责站岗放哨。它视觉敏锐，远远地就能侦察到天空中的老鹰。当危险临近，它会大声尖叫，发出警告，其他旱獭收到危险信号后，会马上躲回地下。

不久之后，旱獭就会封上所有地穴通道的入口，窝在舒适的洞穴"卧室"里，紧紧依偎在一起，进入冬眠。

秋

十月

十月，白天骤然变短。山中狂风大作，初雪飘落。在一个星光灿烂的夜晚，山谷里开始出现霜冻。金秋十月，阳光斜照入森林，

秋日的森林如诗如画，色彩斑斓。

十月下旬，阳光不再炙热如前，雾气渐重。

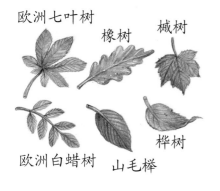

欧洲七叶树　橡树　槭树

欧洲白蜡树　山毛榉　桦树

十月初，橡子、山毛榉果实和核桃成熟了。落叶树渐渐染上了斑斓的秋色。先是栗树和山毛榉，桦树、槭树和橡树紧随其后，最后是欧洲白蜡树，纷纷变了颜色。萧瑟的秋风卷起枝上枯萎的树叶，树叶纷纷飘落，很快，森林地面就会盖上一层层五彩的树叶。

十月是葡萄成熟的季节，自十月中旬起，葡萄园主就忙碌起来，开始采摘葡萄。

十月，蜗牛钻进松软的土壤里，还分泌黏液把壳口封住。青蛙、蟾蜍和蝾螈也开始寻找冬季冬眠的栖息地。下雨或天冷的时候，红林蚁会把蚁丘上的洞口封闭。灰林鸮昼伏夜出，白天在树洞里休息，夜里出来捕食。它在夜晚的森林里无声地飞行，通过敏锐的视觉和听觉搜寻地上的猎物。

十月，欧洲马鹿雄鹿开始了和雌鹿们的群居生活，每只雄鹿都想争取尽可能多的雌鹿的青睐。为了宣示领地，雄鹿会发出尖厉的长啸，以吸引雌鹿到来。如果有"竞争者"靠近，它就会与其发生争斗，维护领地。两只雄性马鹿用强有力的鹿角推撞、扭打在一起，直到决出胜负。

欧洲马鹿雌鹿的孕期是8个月，要到次年春天，它才会产下一只幼鹿。出生后的前几周，幼鹿背部都有白色的斑点。整个夏天和秋天，幼鹿都靠妈妈哺乳喂养。之后，幼鹿才开始自己寻找食物，它们主要以树叶、树皮和水果为食。

十月会有什么发现？

落叶松是唯一会变色的针叶树，它的针叶在秋天会变黄掉落。落叶松可以长到40米高，它的木材质地坚硬。

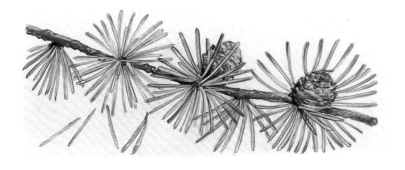

秋

十一月

十一月，奥地利一年中多雨的月份。天气寒冷多雾，阵风凛冽。但偶尔十一月也会因为焚风的出现而突然升温，一时温暖如春。焚风是自南而来的暖湿气流在越过高山时，在山的迎风坡成云致雨，而越过山后，在山的背风坡因气流下沉到地面时，温度升高，湿度降低，从而形成的干热风。

十一月，金秋已去，大地一片灰色。树叶凋零，只有常春藤四季常青。牛蒡（bàng）带刺的果实附着在动物的皮毛上，使其为自己传播种子。

地面上，新的落叶底下是往年已腐烂的叶子。一些小动物如潮虫和马陆等钻进腐烂的树叶残渣里饱餐，也帮助分解落叶，形成新的土壤。

蚯蚓喜欢在土里钻来钻去，它可以疏松土壤和改善土壤肥力。当蚯蚓洞穴灌满雨水时，它会钻到地面上来。蚯蚓的身体由许多环状的体节构成，体表有刚毛。刚毛可以协助运动，通过身体肌肉的伸缩和刚毛的协调，蚯蚓一伸一缩地蠕动前进。蚯蚓有好几个心脏，它具有很强的再生能力，在不切到心脏的前提下，身体被切断后，还可以再生，所剩体段越长，再生能力就越强。

一群秃鼻乌鸦来到农田，它们用锥形尖嘴（喙）在地上啄找小虫子和谷粒。

秃鼻乌鸦有集群的习性，傍晚时分，它们会飞到一个集合地点，几百只乌鸦会在这里聚集。之后，它们继续飞往下一个集合地点，在那里，不断有新的鸦群加入。它们不断起飞、降落，在夜幕降临之前，成千上万只乌鸦终于聚齐，一起飞回它们的"鸟巢村落"，粗哑的"呱呱"声连绵不绝，几千米外都能听见。

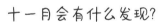

十一月会有什么发现？

在森林的树干或岩石上会看到一些城市里少见的生物——地衣。地衣是由真菌和藻类共生形成的复合体，一般情况下，藻类在复合体内部，真菌围裹藻细胞。

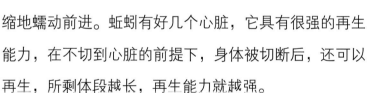

秋

十二月

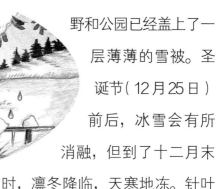

十二月，寒气渐重，天气阴冷潮湿，难见阳光。白天越来越短，每年 12 月 22 日前后是一年中白昼最短的一天（冬至日），天黑得很早，午后不久，夜幕就降临了。山谷里冬雨凄冷，偶有飘雪，田野和公园已经盖上了一层薄薄的雪被。圣诞节（12月25日）前后，冰雪会有所消融，但到了十二月末时，凛冬降临，天寒地冻。针叶树的球果披上了一层白霜，这个冬天，球果会纷纷掉落。

在一棵落叶树的枝间，生长着一丛小小的、球状的植物——白槲（hú）寄生。白槲寄生是一种寄生植物，它在寄主树的树皮下生出吸器，吸取树木的汁液。冬天，白槲寄生结出白色的、黏黏的浆果。在西方，许多人会把白槲寄生的枝条当作圣诞装饰品，挂在房门上。

喜鹊在公园里飞来飞去，寻找食物，它常常会在垃圾堆里有所收获。此时，公园的池塘还未结冰，绿头鸭和红嘴鸥相继来到了这里，它们喜欢游客投喂食物，以此度过漫长的冬天。红嘴鸥已经换上了白色的冬毛，在春天的繁殖季节，红嘴鸥头上的毛是黑褐色的。

欧亚红松鼠离开了树上的窝。它在树枝间穿梭跳跃，从一个枝头跳到另一个枝头，最远可以跳 4 米。欧亚红松鼠有长长的利爪，可以在树干上向上或向下，自如地行走。

欧亚红松鼠在湿湿的雪地上蹦来跳去，寻找秋天埋在地下的贮藏食物：橡子和坚果。终于，欧亚红松鼠找到了一颗冷杉果，它用长长的门牙迅速地剥掉冷杉果上的鳞片，吃着里面的冷杉种子，很快，这颗冷杉果就被剥得干干净净了。

吃饱后的欧亚红松鼠就会回到它树上的窝里，继续冬眠数日。

十二月会有什么发现？

一只小小的蝴蝶挂在细枝条上，它仿佛已经冻僵了。其实，钩粉蝶只是以这种方式休眠，挺过严冬，等待春日的暖阳将它唤醒。

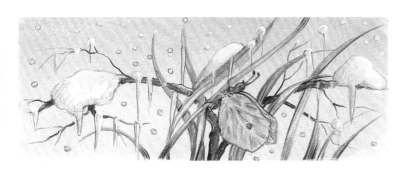

冬